SERPIENTES PELIGROSAS

CABEZAS DE COBRE

Kelli Hicks
Traducción de
Sophia Barba-Heredia

ÍNDICE

Un libro de El Semillero de Crabtree

CRABTREE
Publishing Company
www.crabtreebooks.com

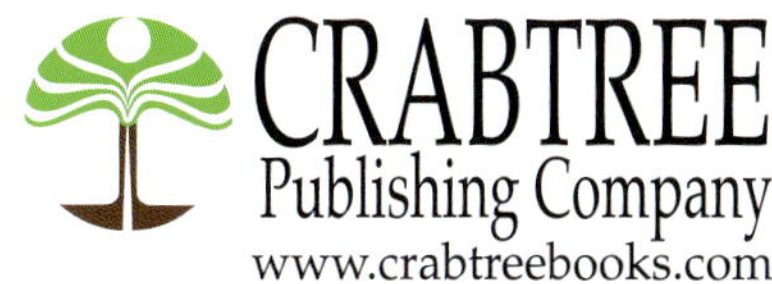

Apoyos de la escuela a los hogares para cuidadores y maestros

Este libro ayuda a los niños en su desarrollo al permitirles practicar la lectura. Abajo están algunas preguntas guía para ayudar al lector a fortalecer sus habilidades de comprensión. En rojo hay algunas opciones de respuesta.

Antes de leer:

- ¿De qué pienso que tratará este libro?
    - *Pienso que este libro es sobre serpientes cabeza de cobre.*
    - *Pienso que este libro estará lleno de datos curiosos sobre las serpientes cabeza de cobre.*

- ¿Qué quiero aprender sobre este tema?
    - *Quiero aprender dónde viven las serpientes cabeza de cobre.*
    - *Quiero aprender qué comen.*

Durante la lectura:

- Me pregunto por qué...
    - *Me pregunto por qué las serpientes cabeza de cobre tienen piel áspera.*
    - *Me pregunto por qué las bebés de serpiente cabeza de cobre tienen colas amarillas.*

- ¿Qué he aprendido hasta ahora?
    - *Aprendí que las serpientes cabeza de cobre bebés usan su cola amarilla para engañar a sus presas.*
    - *Aprendí que las cabezas de cobre usan sus colmillos y veneno para matar a sus presas.*

Después de leer:

- ¿Qué detalles aprendí de este tema?
    - *Aprendí que después de una comida, la cabeza de cobre puede no volver a comer por más de dos semanas.*
    - *Aprendí que atacarán si se sienten asustadas.*

- Lee el libro de nuevo y busca las palabras del vocabulario.
    - *Veo la palabra* **hábitats** *en la página 18 y la palabra* **atacará** *en la página 20. Las demás palabras del vocabulario están en las páginas 22 y 23.*

CABEZAS DE COBRE

¿Ves esa cabeza entre rojo y marrón y la piel **áspera**?

¡Cuidado! Es una serpiente cabeza de cobre.

Su **grueso** cuerpo muestra un patrón.

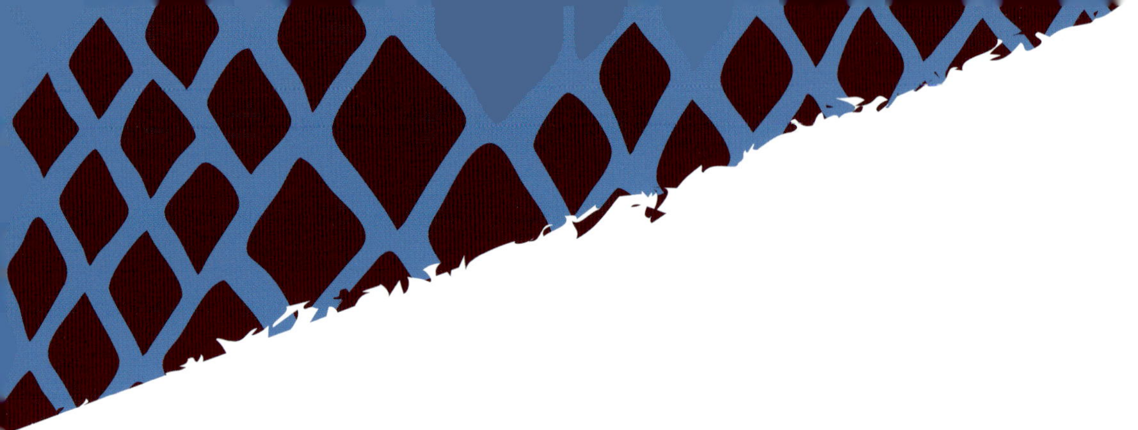

Tiene **colmillos** mortíferos.

Las bebés cabeza de cobre nacen con colmillos y una cola amarilla que parece un gusano. La cola engaña a su **presa**.

Las cabeza de cobre usan sus colmillos y veneno para matar a sus presas.

Los colmillos de la cabeza de cobre son huecos y funcionan como agujas que inyectan con veneno ponzoñoso a sus presas.

Una cabeza de cobre hambrienta espera para atacar.

Abre su boca ampliamente para atrapar a su presa.

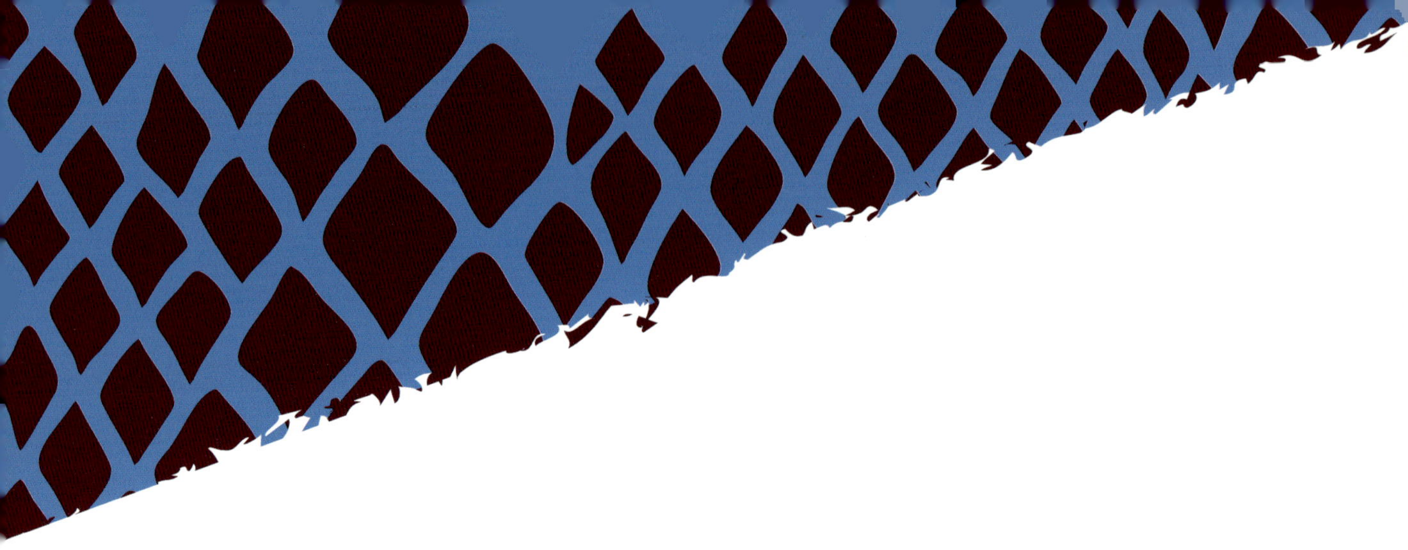

La cabeza de cobre puede no volver a comer por más de dos semanas.

Las serpientes cabeza de cobre pueden vivir en diferentes **hábitats**.

Las cabeza de cobre viven en bosques, desiertos e inclusive en lugares pantanosos.

¡Ten cuidado! La serpiente **atacará** si se asusta.

áspera: Las superficies ásperas tienen protuberancias. No son suaves.

atacará: Atacar significa intentar herir a alguien o algo.

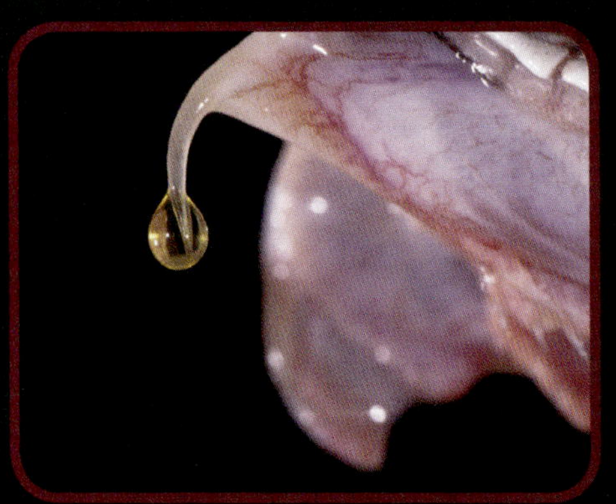

colmillos: Los colmillos son dientes largos y filosos.

grueso: Grueso significa ancho o grande, no delgado.

hábitats: Los hábitats son los lugares donde por naturaleza viven ciertas plantas y animales.

presa: Una presa es un animal que es cazado por otro animal para alimentarse.

Índice analítico

Acerca de la autora

Kelli Hicks

A Kelli Hicks le encanta aprender sobre ciencia y naturaleza, incluyendo las serpientes peligrosas. Prefiere leer sobre serpientes que encontrarse con ellas en persona. Kelli vive en Tampa con su esposo, sus dos hijos y su perra, Emma June.

Sitios Web (en inglés):

www.livescience.com/43641-copperhead-snake.html
www.nationalgeographic.com/animals/reptiles/c/copperhead-snakes

Written by: Kelli Hicks
Designed by: Jennifer Dydyk
Editor: Tracy Nelson Maurer

Translation to Spanish: Sophia Barba-Heredia
Spanish-language layout and proofread: Base Tres
Print and production coordinator: Katherine Berti

Photographs: mask for snakeskin graphic on cover and pages © shutterstock.com/Merydolla; yellow triangle with snake graphic © Top Vector Studio/Shutterstock; Cover photo: © shutterstock.com/ Wildvet. Page 3: ©shutterstock.com/Matt Jeppson. Page 5: ©shutterstock.com/ Dennis W Donohue. Page 6: ©shutterstock.com/Dennis W Donohue. Page 7: ©stock.com/amwu. Page 8: ©Laura Ballard | Dreamstime.com. Page 9: ©shutterstock.com/Breck P. Kent. Page 11 ©shutterstock.com/Suzanna Ruby. Page 13: ©shutterstock.com/Matt Jeppson. Page 15: ©shutterstock.com/ Dennis W Donohue. Page 17: ©istock.com/makasana. Page 19: ©shutterstock. com/lev radin. Page 21: ©William Wise | Dreamstime.com. Page 22 fang: © shutterstock.com/ Joe McDonald. Page 23: ©istock.com/CreativeNature_nl.

Library and Archives Canada Cataloguing in Publication
Title: Cabezas de cobre / Kelli Hicks ; traducción de Sophia Barba-Heredia.
Other titles: Copperheads. Spanish
Names: Hicks, Kelli L., author. | Barba-Heredia, Sophia, translator.
Description: Series statement: Serpientes peligrosas | Translation of: Copperheads. | Includes index. | "Un libro de el semillero de Crabtree". | Text in Spanish.
Identifiers: Canadiana (print) 20210251123 | Canadiana (ebook) 20210251131 | ISBN 9781039619296 (hardcover) | ISBN 9781039619357 (softcover) | ISBN 9781039619418 (HTML) | ISBN 9781039619470 (EPUB) | ISBN 9781039619531 (read-along ebook)
Subjects: LCSH: Copperhead—Juvenile literature.
Classification: LCC QL666.O69 H5318 2022 | DDC j597.96/3—dc23

Library of Congress Cataloging-in-Publication Data
Names: Hicks, Kelli L., author.
Title: Cabezas de cobre / Kelli Hicks ; traducción de Sophia Barba-Heredia.
Other titles: Copperhears. Spanish
Description: New York : Crabtree Publishing, [2022] | Series: Serpientes peligrosas - un libro el semillero de Crabtree | Includes index.
Identifiers: LCCN 2021029827 (print) | LCCN 2021029828 (ebook) | ISBN 9781039619296 (hardcover) | ISBN 9781039619357 (paperback) | ISBN 9781039619418 (ebook) | ISBN 9781039619470 (epub) | ISBN 9781039619531
Subjects: LCSH: Copperhead--Juvenile literature.
Classification: LCC QL666.O69 H5318 2022 (print) | LCC QL666.O69 (ebook) | DDC 597.96/3--dc23
LC record available at https://lccn.loc.gov/2021029827
LC ebook record available at https://lccn.loc.gov/2021029828

Crabtree Publishing Company
www.crabtreebooks.com 1-800-387-7650

In Canada: We acknowledge the financial support of the Government of Canada through the Canada Book Fund for our publishing activities.

Published in the United States
Crabtree Publishing
347 Fifth Avenue, Suite 1402-145
New York, NY, 10016

Published in Canada
Crabtree Publishing
616 Welland Ave.
St. Catharines, Ontario L2M 5V6

Printed in the U.S.A./092021/CG20210616